Obesidad y embarazo

Manual para matronas y personal sanitario

Mª José Barbosa Chaves

Servando J. Cros Otero

Estefanía Castillo Castro

© Autores: Mª José Barbosa Chaves, Servando J. Cros Otero, Estefanía Castillo Castro.

© por los textos: Gustavo A. Silva Muñoz, Mª Luisa Alcón Rodríguez, Patricia Álvarez Holgado, Mª José Chaves Velazquez, Miriam Orellana Reyes, Miriam Zapata Valera, Raquel Flor Astorga.

26 de Octubre de 2012

TITULO: OBESIDAD Y EMBARAZO. MANUAL PARA MATRONAS Y PERSONAL SANITARIO

ISBN: 978-1-291-15286-9

1ª Edición

Impreso en España / Printed in Spain

Publicado por Lulú

INDICE

CAPÍTULO 1: 5
EPIDEMIOLOGÍA

Autores: Servando J. Cros Otero, Gustavo A. Silva Muñoz, Mª Luisa Alcón Rodríguez

CAPÍTULO 2: 6

DEFINICIÓN

Autores: Estefanía Castillo Castro, Patricia Álvarez Holgado, Gustavo A. Silva Muñoz

CAPÍTULO 3: 11

REPERCUSIONES DE LA OBESIDAD SOBRE EL EMBARAZO. EVIDENCIAS Y ESTRATEGIAS DE ACTUACIÓN

Autores: Mª José Barbosa Chaves, Mª Luisa Alcón Rodríguez, Patricia Álvarez Holgado

CAPÍTULO 4: 22

IMPACTO DE LA OBESIDAD SOBRE EL PARTO

Autores: Servando J. Cros Otero, Gustavo A. Silva Muñoz, Mª Luisa Alcón Rodríguez

CAPÍTULO 5: 28

IMPACTO DE LA OBESIDAD SOBRE EL PUERPERIO

Autores: Estefanía Castillo Castro, Mª José Barbosa Chaves, Patricia Álvarez Holgado

CAPÍTULO 6: 31
EFECTO DEL EMBARAZO SOBRE LA OBESIDAD MATERNA

Autores: Mª José Chaves Velazquez, Mª José Barbosa Chaves, Raquel Flor Astorga

CAPÍTULO 7: 32
RIESGOS FUTUROS

Autores, Mª José Barbosa Chaves, Miriam Orellana Reyes, Miriam Zapata Valera

CAPÍTULO 8: 34
RECOMENDACIONES

Autores: Miriam Orellana Reyes, Miriam Zapata Valera, Mª José Chaves Velazquez

BIBLIOGRAFÍA

Capitulo 1

EPIDEMIOLOGIA

La OMS y el grupo internacional de trabajo en obesidad (IOTF) han definido la obesidad como la epidemia del siglo XXI por las dimensiones adquiridas a lo largo de las últimas décadas, su impacto sobre la morbimortalidad, la calidad de vida y el gasto sanitario.

La obesidad es la primera epidemia de origen no infeccioso en la historia de la humanidad. Su aumento en las poblaciones de países desarrollados ha seguido una progresión geométrica durante los últimos cincuenta años.

Hoy en día, la obesidad es la segunda causa de muerte evitable en América y Europa, con alrededor de 400.000 muertes anuales atribuibles al binomio obesidad/sedentarismo. De la misma forma, están aumentando las tasas de obesidad durante el embarazo. del 28% al 32% de las mujeres en edad fértil en los Estados Unidos son obesas (Flegal, Carroll, Ogden, y Curtin, 2010).

Actualmente en España (datos epidemiológicos de diferentes estudios realizados en País Vasco, Madrid, Valencia y Cataluña) la prevalencia de la obesidad (IMC > 30) es del 13,4% (hombres del 11,5% y del 15,2% en mujeres). El sobrepeso afecta al 19,3% de la población (23,3% hombres y en un 15,3% en mujeres). El 41,9% de la población mantiene un peso normal. (SEEDO)

La obesidad durante el embarazo se ha asociado con una multitud de diversas complicaciones maternas y neonatales (Athukorala, Rumbold, Willson, y Crowther, 2010).

Capitulo 2

DEFINICION

La definición de obesidad se realiza en función del índice de masa corporal (IMC).

Este índice se calcula a partir de la talla y el peso de la mujer.

$$IMC = peso\ Kg/talla\ m2$$

Grados de Obesidad

NORMAL	SOBREPESO	OBESO	OBESO SEVERO	OBESO MORBIDO
IMC 18.5 - 24.9	IMC 25 - 29.9	IMC 30 - 34.9	IMC 35 - 39.9	IMC ≥ 40

La ganancia de peso durante la gestación debe basarse en el IMC preconcepcional. Por tanto, el IMC de la mujer antes de la gestación debe ser la primera determinación para estratificar su riesgo durante la futura gestación.

Ganancia de peso recomendada en el embarazo según el índice de masa corporal (IMC) preconcepcional

IMC preconcepcional (kg/m2)	Ganancia de peso recomendada
Mujeres delgadas (<18.5)	12.5 -18 kg
Mujeres con normopeso (18.5-24.9)	11.5 -16 kg
Mujeres con sobrepeso (25-29.9)	7-11.5 kg
Mujeres con obesidad moderada (30-34.9)	7 kg
Mujeres con obesidad severa (35-39.9)	7 kg
Mujeres con obesidad morbida (≥40)	7 kg

Cunningham FG, Gant NF, Leveno KJ, Gilstrap LC III, Hauth JC, Wenstrom KD. Prenatal care. In: William's Obstetrics. 21st ed. New York: Appleton and Lange; 2001:232.

En la actualidad existe evidencia de que la obesidad en la mujer conlleva un **riesgo incrementado de morbilidad asociada al embarazo e incrementa la morbi-mortalidad perinatal** en función, no solo del exceso de peso que se tiene al inicio de la gestación, sino también de la variación en el mismo a medida que el embarazo progresa.

La **fisiopatología** de los efectos de la obesidad sobre los resultados del embarazo se centra en la **elevación de los ácidos grasos libres (AGL) y el estado proinflamatorio resultante.**

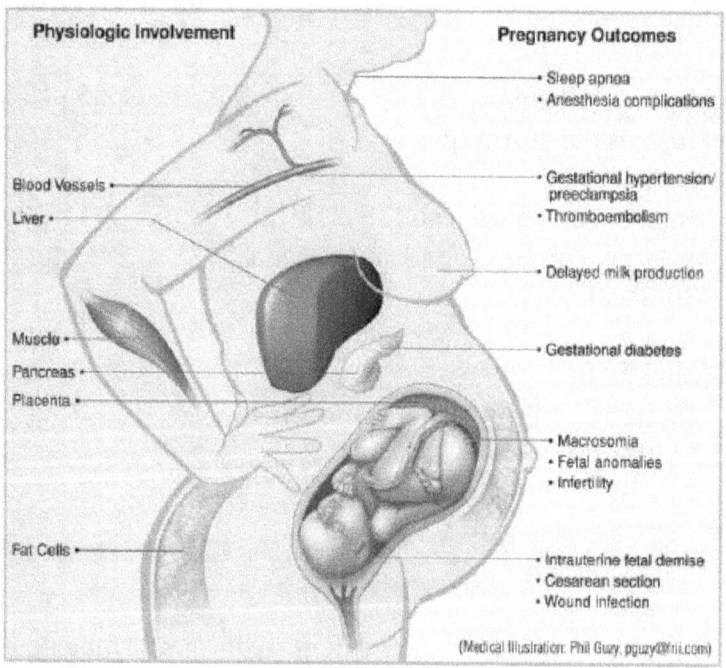

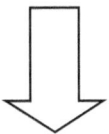

Resultados adversos en el embarazo

(Nelson, matthews, Poston, 2010)

(Cornier, et al.,2008).

Capitulo 3

REPERCUSIONES DE LA OBESIDAD SOBRE EL EMBARAZO. EVIDENCIAS Y ESTRATEGIAS DE ACTUACIÓN

La obesidad tiene graves repercusiones sobre la gestación

- La tasa de abortos se incrementa según se incrementa el peso materno.

- Aumento del riesgo de malformaciones congénitas

- ⇧de diabetes gestacional (DG)

- ⇧de preeclampsia

- Complicaciones intraparto y posparto

Esterilidad

Las mujeres con obesidad, tienen dificultad para quedar embarazada (Lim, Noakes, y Norman, 2007) y han disminuido el éxito en el tratamiento de la infertilidad (Pandey, Maheshwari, y Bhattacharya, 2010). Hay tasas más ⇩ de embarazo en mujeres con IMC> 25 en comparación con IMC <25 (10,5% vs 25,9%, respectivamente) (Lim et al., 2007), y las tasas de embarazo son más bajos en obesidad mórbida (IMC> = 35) en comparación con aquellas con obesidad leve (IMC = 30-34,9) (19,9% vs 28,6%, respectivamente) (Awartani, Nahas, Al Hassan, Al Deery, y Coskun, 2009).

La asociación de obesidad con el síndrome de ovario poliquístico (SOP) es, en parte, un contribuyente a las tasas de infertilidad en mujeres con obesidad (Jungheim et al., 2009). El SOP es un estado de hiperandrogenismo acompañado de resistencia a la insulina, lo que hace más difícil lograr el embarazo.

Estrategias para la intervención

- Moran et al. (2006) encontró que la pérdida de peso de tan sólo 5 kg puede mejorar la función reproductiva como a las 2 semanas siguientes a la restricción calórica. Esto sugiere que la restricción calórica en sí mismo, incluso sin la pérdida de peso, puede desempeñar un papel en la salud reproductiva (Lim et al., 2007).

- La actividad física moderada se asocia con la pérdida de peso (Conroy et al., 2010) y por lo tanto puede ser útil.

Malformaciones congénitas

El embarazo en mujeres obesas conlleva un aumento del riesgo de malformaciones congénitas.

Mayor dificultad técnica para la correcta evaluación anatómica fetal en las gestantes obesas condicionada por la atenuación de la señal que condiciona el tejido adiposo. Las estructuras anatómicas que habitualmente no se visualizan correctamente con el incremento del IMC incluyen el corazón fetal, la columna vertebral, los riñones, el diafragma y el cordón umbilical.

Waller y sus colegas (2007) encontró varias anomalías más comunes en mujeres con la obesidad en comparación con las mujeres delgadas (después de controlar por raza / etnia, la edad materna, nivel educativo, la paridad, el tabaquismo y la ingesta de vitaminas). Estos incluyen la espina bífida (odds ratio [OR]=2,10), defectos del corazón (OR=1,4), la atresia anorrectal (OR=1,46), hipospadias (OR = 1,33), defectos de reducción de las extremidades (OR = 1,36), hernia diafragmática (OR=1,42) y onfalocele (OR=1,63).

Anderson y sus colegas (2005)observaron un mayor riesgo de malformaciones del sistema nervioso en los hijos de mujeres con obesidad (anencefalia OR=2,3, intervalo de confianza [IC] 1,2-4,3; la espina bífida OR=2,8, IC 1,7-4,5; hidrocefalia OR=2,7, IC 1,5-5,0) y se encontró un efecto multiplicador en mujeres con obesidad y diabetes mellitus gestacional (DMG). Incluso la hiperglucemia materna subclínica tiene un efecto perjudicial sobre el feto en desarrollo (McGuire, Dyson, y Renfrew, 2010).

Estrategias

- La actividad física puede disminuir el riesgo de algunas anomalías fetales en la descendencia de mujeres con obesidad. Las mujeres activas físicamente presentan un 30% a 50% menos de riesgo de defectos del tubo neural (DTN), independientemente del IMC (Carmicheal, Shaw, Nieri, Schaffer, y Selvin, 2002).

- Cualquier dieta para perder peso en el primer trimestre no es recomendable ya que se asocia con mayor riesgo de defectos del tubo neural, independientemente del IMC (Carmicheal et al., 2002).

- Los suplementos de ácido fólico (400 mcg / día) 3 meses antes y durante el embarazo ayuda a la reducción del riesgo en defectos del tubo neural (Tinker, Cogswell, Devine, y

Berry, 2010), pero las mujeres con obesidad pueden necesitar dosis más altas (McGuire et al., 2010).

- En la mujer obesa con IMC >30 se recomienda la ingesta preconcepcional de 5 mg/día de ácido fólico, desde un mes antes de la gestación hasta el final del primer trimestre.(B)

- Se debe informar del riesgo incrementado de anomalías congénitas. La ecografía de la semana 20 debe ofrecerse entre las semanas 20 y 22; no antes. (B)

Hipertensión y Síndrome de HELLP

Los cambios hemodinámicos que acompañan a la obesidad se traducen en hipertensión arterial, hemoconcentración y alteraciones de la función cardíaca.

Algunos investigadores han sugerido que la hipertensión crónica es diez veces más frecuente en las mujeres obesas que en las que tienen un peso normal.

El riesgo de hipertensión inducida por la gestación y pre-eclampsia está significativamente incrementado en las mujeres que presentan sobrepeso u obesidad al inicio del embarazo (gestantes con IMC > 30 tienen un riesgo tres veces superior a las gestantes con peso normal).

CONTROVERSIAS EN OBESIDAD Y DIABETES GESTACIONAL González González, Nieves Luisa Medina V., González Lorenzo A., Súarez Y., Hernández M., Padrón E. Departamento De obstetricia y GinecoloGía. Hospital universitario De canarias. FacUltaD De meDicina De la UniversiDaD De la laGUna. teneriFe.

Sibai BM, Ewell M, Levine RJ, et al. Risk factors associated with preeclampsia in healthy nulliparous women. The Calcium for Preeclampsia Prevention (CPEP) Study Group. m J Obstet Gynecol 1997;177:1003-10.

La hipertensión gestacional y preeclampsia, tasa significativamente mayor en las mujeres con obesidad en comparación con las mujeres delgadas, aunque el IMC no está relacionado con HELLP (hemólisis, enzimas hepáticas elevadas, ⇩ de plaquetas) (Leeners et al., 2006).

Stewart encontró que la vasodilatación dependiente del endotelio se redujo (p <0,05) en mujeres con et al. (2007) obesidad . Así, las mujeres embarazadas con obesidad tienden a no producir vasodilatación, aumentando su riesgo de hipertensión y alteraciones en el crecimiento de la placenta y la función.

Leeners y sus colegas (2006) observó que el IMC materno fue proporcionalmente relacionada con los índices de hipertensión y preeclampsia, después de controlar por edad y nivel educativo (p <.05). Los grandes estudios de cohortes observó que las mujeres con obesidad tenía un 2 - 2,5 veces mayor riesgo de hipertensión gestacional y un 1,6 a 2 veces mayor riesgo de la preeclampsia y la obesidad mórbida se relaciona con un aumento del riesgo de 3.2 a 3.8 veces de la preeclampsia (Athukorala et al, 2010. ; Leeners et al, 2006. ; Weiss et al, 2004).

El riesgo de la preeclampsia es significativamente mayor en las mujeres con obesidad y control pobre de DMG (comparación con DMG en mujeres delgadas y mujeres obesas con diabetes gestacional controlada)(Crowther et al., 2005).

Estrategias

- No hay terapias conocidas para prevenir el desarrollo de la preeclampsia (Bell, 2010).

- Algunas terapias están siendo estudiados para aquellos con alto riesgo, incluyendo a las mujeres con obesidad, son la aspirina, el calcio y los suplementos dietéticos (Catalano, 2007b).

- Los antioxidantes tienen un beneficio teórico, debido al aumento en el estrés oxidativo generado a partir de tejido adiposo materno, pero los estudios de la suplementación (vitaminas C y E) no han demostrado beneficio en la disminución de los trastornos hipertensivos del embarazo para las mujeres con obesidad (Catalano, 2007b).

- Las recomendaciones actuales para las mujeres con obesidad incluyen pérdida de peso antes del embarazo, una dieta saludable y un buen control de la diabetes gestacional, (Catalano, 2007b ; Yu, Teoh, y Robinson, 2006)

- Una vez presente, la gestión actual de los trastornos hipertensivos en esta población no difiere de la de otras mujeres embarazadas. La actividad física moderada se ha encontrado ser útil en el control de la hipertensión en la población no embarazada (Carnethon et al. 2010).

- Se debe advertir de los potenciales riesgos de la obesidad en el embarazo. Estos riesgos incluyen enfermedad cardiaca, pulmonar, hipertensión gestacional, diabetes gestacional y apnea obstructiva del sueño. (B)

Diabetes gestacional

La obesidad es también un factor de riesgo muy importante de DMG, puede considerarse a su vez como un indicador de alto riesgo de desarrollar una diabetes tipo 2 tras finalizar la gestación.

Actualmente sabemos que son muchos los factores que se relacionan con el riesgo de diabetes gestacional (la raza, antecedentes, la edad materna, la paridad...). Está bien demostrado que la obesidad es un factor de riesgo independiente de desarrollar una diabetes y este riesgo se estima en 20%. Se ha visto incluso que los grados leves de intolerancia a los hidratos de carbono están relacionados con el peso materno.

- Weiss y cols valoraron el riesgo de diabetes gestacional en un grupo de 16102 en relación con su IMC. Con IMC > 35 kg/m2 el riesgo de sufrir una diabetes gestacional se multiplicó por 4 con respecto al grupo de gestantes no obesas.
- Weiss JL, Malone FD, Emig D, Ball RH, Nyberg DA, Comstock CH, et al. FASTER Research Consortium.Obesity obstetric complications and cesarean delivery rate—a population based screening study. Am JObstet Gynecol 2004;190:1091–7.
- Bartha JL, Cerqueira MJ, González González NL, Jañez M, Mozas J, Ramírez García O y cols. Grupo Español para el Estudio de la Diabetes y el Embarazo. Diabetes y embarazo. Guía Asistencial 2006. ProgObstet Ginecol 2007;50:249-64

DMG es la manifestación clínica de la resistencia a la insulina en el embarazo. En un meta-análisis de 20 estudios de investigación, se encontró un ⇧**riesgo de desarrollar DMG** en mujeres con sobrepeso y mujeres con obesidad y obesidad mórbida de 2,14, 3,56 y 8,58, respectivamente, en comparación con mujeres de peso normal (Chu, Callaghan , et al. 2007,).

Riesgo significativamente mayor de diabetes pregestacional con el aumento de índice de masa corporal (Nolan, 2011).

Ante esta situación de riesgo el **Grupo Español de Diabetes y Embarazo** recomienda realizar el despistaje de diabetes gestacional, **Test de O'Sullivan** en las gestantes obesas en la primera consulta prenatal. Si el resultado es normal se repetirá siguiendo la sistemática habitual (24-28 sg).

Debido a que estas mujeres también están en mayor riesgo de desarrollar preeclampsia, los primeros estudios de función renal y pruebas de proteinuria puede ser justificada (Catalano, 2007b).

Estrategias

- Pérdida de peso antes del embarazo y el inicio temprano de una dieta con alto contenido de fibra, hidratos de carbono complejos, y el consumo de bajo índice glucémico, junto con actividad física moderada, podría mejor control de DMG en mujeres con obesidad (Chu, Callaghan, et al., 2007).

- Durante el embarazo se deben ofrecer consejos de salud fundamentalmente acerca de nutrición, tipos de alimentación y práctica de ejercicio físico que podrían ayudar a prevenir algunas complicaciones como la diabetes gestacional o diabetes tipo 2 durante el embarazo o tras el mismo. (B)

Tromboembolismo

El embarazo es un estado protrombótico en el que aumenta la concentración de los factores I, VII, VIII y X a la vez que desciende la proteína S y se inhibe la fibrinolis. Estos cambios hacen que durante la gestación el riesgo de trombosis se multiplique por cinco.

La obesidad, edad materna avanzada, paridad, preeclampsia y los partos quirúrgicos son los principales factores de riesgo asociados. Las mujeres con un IMC > de 30 tienen el doble riesgo de trombosis durante el embarazo que las mujeres no obesas.

Yogev Y, Catalano PM. Pregnancy and Obesity. Clin Obstet Gynecol 2009;36:285-300

Morbi-mortalidad materna, fetal y perinatal

Las principales causas de mortalidad materna como la hemorragia posparto, preeclampsia, sepsis y parto obstruido (Betran 2005), se ven aumentadas significativamente por la presencia de obesidad (Khashan 2009, Heslehurst 2008).

La infiltración grasa del miometrio que lleva a una disminución de la contractilidad uterina y a una pobre progresión del parto, además de un riesgo tres veces mayor de hemorragia posparto severa (Usha Kiran 2005).

Existe un mayor riesgo de mortalidad fetal perinatal para las mujeres con obesidad en comparación con las mujeres de peso normal de 5,4% y 1,4%, respectivamente (Yu et al., 2006). El sobrepeso pregestacional aumentó significativamente el riesgo de muerte fetal no explicada (OR = 2,77, IC 1.85-4.68), incluso después de controlar la diabetes, la preeclampsia y la edad materna (Huang et al., 2000). A medida que aumenta el IMC, aumentan las tasas de muerte fetal(Ovesen, Rasmussen, y Kesmodel, 2011) con una tasa cinco veces mayor atribuido a la disfunción placentaria (Huang, y col., 2000).

Seguimiento adecuado y diligente gestión de los trastornos hipertensivos y DMG en mujeres embarazadas con obesidad puede disminuir el riesgo de muerte fetal (Chu, Kim, Lau et al., 2007). Seguimiento durante el tercer trimestre de bienestar fetal (índice de líquido amniótico, recuento de patadas del feto) puede estar justificada.

Capitulo 4

IMPACTO DE LA OBESIDAD SOBRE EL PARTO

- Macrosomía y distocia de hombros
- Monitorización fetal dificultosa
- Contractilidad uterina alterada o disminuida
- ⇧Inducción del parto
- ⇧Cesárea
- Complicaciones Anestesia obstétrica
- ⇧Riesgo trombótico
- Muerte intraútero

Macrosomía y distocia de hombros

La mayor incidencia de macrosomía fetal en gestantes obesas ha sido documentada por diversos estudios.

Así, Sheiner y cols. (2004) analizaron los resultados gestacionales en una cohorte de 126.080 partos, excluyendo pacientes con diabetes e hipertensión. Las gestantes obesas

(IMC >30 kg/m2) tenían un riesgo aumentado de macrosomía fetal con "odds ratio" de 1.4 (IC95%: 1.2-1.7).

La macrosomía (peso al nacer de> = 4.000 g) se asocia independientemente con **diabetes mal controlada, obesidad materna y aumento excesivo de peso durante la gestación** y está muy probablemente causada por períodos intermitentes de hiperglucemia en el útero (McGowan & McAuliffe, 2010).

Las mujeres con obesidad, independientemente de DMG, tienen un **riesgo dos veces mayor de recién nacidos macrosómicos** [Gunatilake y Perlow, 2011] [. Yu et al, 2006]) en comparación con mujeres con peso normal.

Las madres de bebés macrosómicos tienen un **mayor riesgo** de muerte fetal, trauma del nacimiento, tales como distocia del hombro, y el mal control de glucosa en sangre (McGowan & McAuliffe, 2010).

Estrategias de manejo

Las madres con diabetes gestacional controlada son menos propensas a tener bebés excesivamente grandes (Chu, Callaghan, et al, 2007.), por lo que aconseja **control glucémico, ejercicio y seguir una dieta, para todas las mujeres embarazadas con obesidad, independientemente de si presenta DMG**. La pérdida de peso antes del embarazo también se ha sugerido (Catalano, 2007).

Monitorización fetal dificultosa

Las monitorización externa fetal resulta, en ocasiones, más dificultosa en gestantes obesas **debido a la dificultad de transmisión de la frecuencia cardiaca fetal a través del panículo adiposo materno.**

Sin embargo, no existe evidencia para indicar de manera rutinaria el uso de la monitorización interna fetal en este grupo de gestantes, aunque puede ser más efectiva en algunos casos.

Contractilidad uterina alterada o disminuida

Respuesta miometrial inadecuada, desencadenando una fase de dilatación anormal e incrementando la tasa de cesáreas.

Aunque los estudios sobre el trabajo de parto en mujeres obesas son limitados, los estudios de cohortes en nulíparas muestran que **con el aumento del peso materno, la velocidad de dilatación cervical se enlentece**, tanto en inducciones como en mujeres con trabajo de parto espontáneo. **Es la fase activa, más que el expulsivo, la que**

se ve afectada por la obesidad materna. Otro estudio ha demostrado que la contractilidad "in vitro" del miometrio de mujeres obesas es menor.

Nuthalapaty FS, Rouse DJ, Owen J. The association of maternal weight with cesarean risk, labor duration, and cervical dilatation rate during labor induction.Obstet Gynecol. 2004;103:452-6. Erratum in: Obstet Gynecol. 2004 May;103(5 Pt1):1019.

Inducción del parto

La inducción del parto es más frecuente en este tipo de mujeres, aunque las causas no están claras.

El incremento de las gestaciones cronológicamente prolongadas podría ser un factor contribuyente, así como las comorbilidades acompañantes.

Las alteraciones del registro cardiotocografico, la aparición de liquido amniótico meconial y los accidentes relativos al cordón umbilical no se han asociado con la obesidad materna.

Cesárea

La mayoría de estudios realizados muestran un incremento de la tasa de cesáreas. Un reciente estudio multicéntrico prospectivo que incluyó 6.413 mujeres obesas y 1.639 mujeres con obesidad mórbida, mostró una tasa de cesáreas del 15% en mujeres con normopeso, frente al 30 y 39% en gestantes obesas y obesas mórbidas respectivamente. Es decir, **a más obesidad, más probabilidad de cesárea.**

Las tasas de dehiscencia y roturas uterinas son más frecuentes en pacientes con sobrepeso.

<small>Dietz PM, Callaghan WM, Morrow B, Cogswell ME. Population-based assessmentof the risk of primary cesarean delivery due to excess pre-pregnancy weight among nulliparous women delivering term infants. Matern Child Health J. 2005;9:237-44.</small>

El **parto por cesárea es uno de los riesgos para las mujeres con obesidad**, con las tasas en peso normal, sobrepeso, y las mujeres con obesidad del 18%, 25,1% y 36,4%, respectivamente (Fyfe et al., 2011). Un meta-análisis encontró un **riesgo dos veces mayor de cesareas** en mujeres con obesidad en comparación con mujeres de peso normal (OR crudo = 2,05, IC 1.85 a 2.27) y **tres veces mayor riesgo en mujeres con obesidad mórbida** (OR crudo = 2,89, IC 2,28-3,79) (Chu, Kim, Schmid, et al., 2007).

Tal vez **asociado con el aumento de estas tasas de cesareas son la inducción relativamente alta y las tasas de gestación prolongada** para las mujeres con obesidad. Athukorala y sus colegas (2010) observó un aumento de casi el doble de la inducción en pacientes obesos en comparación con las mujeres delgadas (OR = 1.78, IC 1.51-2.09). Una mayor tasa de nacimientos de más de 41 s.g. (Arrowsmith, Wray, y Quenby, 2011)(Kominiarek et al., 2011).

La inadecuada contractilidad uterina parece jugar un papel en el estancamiento del parto de las mujeres con obesidad y puede estar relacionado con sus perfiles de lípidos alterados (Elmes, Tan, Cheng, Wathes, y McMullen, 2011).

Son necesarios estudios de **estrategias** para la optimización de los partos vaginales para esta población, sobre todo teniendo en cuenta que las cesareas en las personas obesas son más difíciles de realizar, y están asociados con complicaciones postoperatorias, incluyendo infección y dehiscencia de la herida (Catalano, 2007b).

Complicaciones Anestesia obstétrica

En gestantes obesas, las complicaciones anestésicas son más frecuentes: **aumento del número de intentos y de la tasa de fallos de la anestesia epidural, punción dural inadvertida y dificultad de intubación**, entre otras.

La **colocación precoz de un catéter epidural o intratecal** podría evitar la necesidad de una anestesia general.

Por este motivo, sería recomendable una evaluación precoz de todas las gestantes obesas por parte del anestesista (anteparto o intraparto precoz).

Soens MA, Birnbach DJ, Ranasinghe JS, van Zundert A. Obstetric anesthesia for the obese and morbidly obese patient: an ounce of prevention is worth more than a pound of treatment. Acta Anaesthesiol Scand. 2008;52:6-19.

Capitulo 5

IMPACTO DE LA OBESIDAD SOBRE EL PUERPERIO

- Estancia hospitalaria
- Infección puerperal
- Hemorragia posparto
- Lactancia
- Hipertensión
- Tromboembolismo

Estancia hospitalaria

Las puérperas obesas requieren períodos de hospitalización más prolongados debido al mayor número de complicaciones posparto que presentan. Un periodo de estancia en el hospital superior a 4 días, es significativamente más frecuente entre las gestantes obesas que entre las gestantes de peso normal (35% versus 2%).

Quiñones JN, James DN, Stamilio DM, Cleary KL, Macones GA. Thromboprophylaxis after cesarean delivery: a decision analysis. Obstet Gynecol.2005;106:733-40

Infección puerperal

El riesgo de infección, tanto de la episiotomía como de la incisión quirúrgica o el riesgo de endometritis se ve incrementado pese al tratamiento profiláctico habitual.

Una pobre vascularización en el tejido adiposo subcutáneo así como la formación de seromas y hematomas favorecen en parte la infección de la herida.

Myles TD, Gooch J, Santolaya J. Obesity as an independent risk factor for infectious morbidity in patients who undergo cesarean delivery. Obstet Gynecol. 2002;100:959-64

Hemorragia posparto

La hemorragia posparto es también más frecuente. Un estudio de cohortes mostró un aumento del 44% del riesgo de hemorragia puerperal importante en gestantes con IMC >30.

Las principales hipótesis que explican este hecho son la mayor incidencia de macrosomía fetal y la menor biodisponibilidad de los fármacos útero-inhibidores, al aumentar el volumen de distribución de los mismos.

Sebire NJ, Jolly M, Harris JP, Wadsworth J, Joffe M, Beard RW, Regan L, Robinson S. Maternal obesity and pregnancy outcome: a study of 287,213 pregnancies inLondon. Int J Obes Relat Metab Disord. 2001;25:1175-82

Lactancia

El inicio y mantenimiento de la lactancia materna en obesas y en mujeres con aumento excesivo de peso durante la gestación **parece estar comprometida**.

Se han sugerido como agentes causales, las alteraciones en el eje hipotálamo-hipófiso-gonadal y en el metabolismo de las grasas, así como una menor respuesta de la prolactina a la succión del pezón durante la primera semana posparto.

Rasmussen KM, Kjolhede CL. Prepregnant overweight and obesity diminish the prolactin response to suckling in the first week postpartum. Pediatrics. 2004;113:e465-71.

Capitulo 6

EFECTO DEL EMBARAZO SOBRE LA OBESIDAD MATERNA

Las mujeres obesas tienen una **mayor predisposición a retener parte del peso** que han incrementado en la gestación y la lactancia que las gestantes con un IMC ideal (persistencia a los dos años del parto de un peso al menos cinco kilos superior al que tenía la mujer antes de iniciar su embarazo).

La mayoría de los autores coinciden en que los casos de mayores retenciones de peso postparto se producen en las mujeres con más elevado IMC antes del embarazo.

Weisman CS, Hillemeier MM, Downs DS, Chuang CH, MD, MSc,a Dyer AM. Preconception predictors of weight gain during pregnancy. Prospective Findings from the Central Pennsylvania Women's Health Study. Womens Health Issues. 2010;20:126-32

Capitulo 7

RIESGOS FUTUROS

La diabetes gestacional se puede correlacionar significativamente con la aparición de **diabetes tipo 2** en la cuarta o quinta décadas de la vida (Tieu J, Middleton Screening and subsequent management for gestational diabetes for improving maternal and infant health.Cochrane Database Syst Rev. 2010;7:CD007222).

La **hipertensión** gestacional, cuyos efectos a largo plazo pueden manifestarse, no solo en la madre, sino también en el fruto de la gestacion (Sibai BM, Ross MG. Hypertension in gestational diabetes mellitus: pathophysiology and long-term consequences. J Matern Fetal Neonatal Med. 2010;23:229-33.).

De igual manera, las pacientes con alteraciones metabolicas demostradas durante la gestación, tales como intolerancia a los hidratos de carbono o dislipidemia, tienen un **riesgo de trastornos cardiovasculares** notoriamente incrementado a largo plazo (Dawson SI. Glucose tolerance in pregnancy and the long-term risk of cardiovascular disease. Diabetes Res Clin Pract. 2009;85:14-9).

Son preocupantes varios estudios clínicos que han demostrado que los bebés que nacen de madres obesas son más propensos a padecer obesidad.

Plantean la hipótesis de que el ambiente intrauterino influye en la propensión a algunas enfermedades de los adultos. El funcionamiento de la nutrición y el sistema endocrino de la madre durante la gestación son responsables, en parte, para el ciclo intergeneracional de la obesidad, la diabetes, y los trastornos hipertensivos (McLaughlin, Muhhausler, Gentili, y McMillen, 2006).

Estas enfermedades parecen ser el resultado de la interacción entre nuestros genes, el medio ambiente intrauterino y posnatal de estilo de vida que causa cambios en la expresión de genes, conocidos como *los cambios epigenéticos* (Ling y Grupo de Leif, 2009).

Como la epigenética gana más apoyo, se prestará más atención a los comportamientos de salud materna (Bruce & Hanson, 2010).

Debido a la mayor incidencia de obesidad materna, resulta importante desarrollar cada vez más estrategias multidisciplinarias con el objetivo de atender el estado nutricional de la mujer y así poder prevenir futuras complicaciones.

Fuente: Sociedad de Obstetricia y Ginecología de Buenos Aires (Sogiba)

Mantener durante los meses de gestación una dieta diversa, saludable y equilibrada. Comer para dos y no por dos.

Capitulo 8

RECOMENDACIONES

- Recomendar la *visita preconcepcional* y una reducción de peso antes de la concepción.
- En los casos de obesidad mórbida, recomendarse evitar la gestación y solicitar valoración y tratamiento previo.
- En las mujeres con un IMC ≥30 kg/m², se debe recomendar la ingesta de **5 mg de *a. fólico diario preconcepcional***, al menos un mes antes de la concepción y durante el primer trimestre.
- Se debe informar del riesgo incrementado de *anomalías congénitas*. La ecografía de la semana 20 debe ofrecerse entre las semanas 20 y 22, no antes.
- *Durante el embarazo* se deben ofrecer **consejos de salud** fundamentalmente acerca de nutrición, tipos de alimentación y práctica de ejercicio físico que podrían ayudar a prevenir algunas complicaciones.

Se debe advertir de los potenciales *riesgos de la obesidad* en el embarazo. Estos riesgos incluyen enfermedad cardíaca, pulmonar, hipertensión gestacional, diabetes gestacional y apnea obstructiva del sueño.

Se debe **informar que la** *tasa de cesáreas* está incrementada y que la probabilidad de parto vaginal tras cesárea está disminuida.

- Se debe recomendar la consulta con el anestesiólogo o *cardiólogo* para preparar el **plan de anestesia** en el parto.

Se debe **evaluar el riesgo de** *tromboembolismo venoso* para cada mujer obesa. En estas mujeres se debe individualizar el uso del trombo profilaxis.

BIBLIOGRAFIA

- Protocolo obesidad y embarazo.proSEGO 2011.

- Nodine, Priscilla M.La obesidad materna: mejora de los resultados del embarazo. American Journal of Nursing Materno/infantil. 2012.

- http://www.seedo.es/obesidadysalud/consejosdenutrici%C3%B3n/tabid/135/default.aspx#epidemiologia

- Controversias en obesidad y diabetes gestacional. González González, Nieves Luisa Medina V Padrón E. Departamento De obstetricia y Ginecología. Hospital universitario De canarias. Facultad De medicina De la Universidad De la laguna. Tenerife. Congreso nacional SEGO 2011.

www.ingramcontent.com/pod-product-compliance
Lightning Source LLC
Chambersburg PA
CBHW072309170526
45158CB00003BA/1245